U0364902

"中国饭碗"丛书

丛书主编 师高民

绿衣天使·绿豆

霍清廉 编著

"十四五"时期国家重点出版物出版专项规划项目

南京出版传媒集团
南京出版社

图书在版编目（CIP）数据

绿衣天使·绿豆 / 霍清廉编著. –– 南京：南京出版社，2022.6
（中国饭碗）
ISBN 978-7-5533-3441-7

Ⅰ.①绿… Ⅱ.①霍… Ⅲ.①绿豆—青少年读物
Ⅳ.①S522-49

中国版本图书馆CIP数据核字（2021）第212399号

丛 书 名 "中国饭碗"丛书
丛书主编 师高民
书 名 绿衣天使·绿豆
作 者 霍清廉
绘 图 刘憬臻
插 画 李 哲
出版发行 南京出版传媒集团
南 京 出 版 社
社址：南京市太平门街53号 邮编：210016
网址：http://www.njcbs.cn 电子信箱：njcbs1988@163.com
联系电话：025-83283893、83283864（营销） 025-83112257（编务）

出 版 人 项晓宁
出 品 人 卢海鸣
责任编辑 彭 宇
装帧设计 赵海玥 王 俊
责任印制 杨福彬

制 版 南京新华丰制版有限公司
印 刷 南京凯德印刷有限公司
开 本 787毫米×1092毫米 1/32
印 张 4.375
字 数 68千
版 次 2022年6月第1版
印 次 2022年6月第1次印刷
书 号 ISBN 978-7-5533-3441-7
定 价 28.00元

用微信或京东
APP扫码购书

用淘宝APP
扫码购书

编委会

特邀顾问

郤建伟　戚世钧　卞　科　刘志军　李成伟　李学雷
洪光住　曹幸穗　任高堂　李景阳　何东平　郑邦山
李志富　王云龙　娄源功　刘红霞　李经谋　常兰州
胡同胜　惠富平　魏永平　苏士利　黄维兵　傅　宏

主编单位

河南工业大学　　　　　　中国粮食博物馆

支持单位

中国农业博物馆　　　　　银川市粮食和物资储备局
西北农林科技大学　　　　沈阳师范大学
隆平水稻博物馆　　　　　中国农业大学
南京农业大学　　　　　　武汉轻工大学
苏州农业职业技术学院　　洛阳理工学院

总序

"Food for All"（人皆有食），这是联合国粮食及农业组织的目标，也是全球每位公民的梦想。承蒙南京出版社的厚爱，我有幸主编"中国饭碗"丛书，深感责任重大！

"中国饭碗"丛书是根据习近平总书记"中国人的饭碗任何时候都要牢牢端在自己手中，我们的饭碗应该主要装中国粮"的重要指示精神而立题，将众多粮食品种分别著述并进行系统组合的系列丛书。

粮食，古时行道曰粮，止居曰食。无论行与止，人类都离不开粮食。它眷顾人类，庇佑生灵。悠远时代的人们尊称粮食为"民天"，彰显芸芸众生对生存物质的无比敬畏，传达宇宙间天人合一的生命礼赞。从洪荒初辟到文明演变，作为极致崇拜的神圣图腾，人们对它有着至高无上的情感认同和生命寄托。恢宏厚重的人类文明中，它见证了风雨兼程的峥嵘岁月，记录下人世间纷纭精彩的沧桑变迁。粮食发展的轨迹无疑是人类发展的主线。中华民族几千年农耕文明进程中，笃志开拓，筚路蓝缕，奉行民以食为天的崇高理念，辛勤耕耘，力田为生，祈望风调雨顺，粮丰廪实，向往山河无恙，岁月静好，为端好养育自己的饭碗抒写了一篇篇波澜壮阔的辉煌史诗。香火旺盛的粮食家族，饱经风雨沧桑，产生了众多优秀成员。它们不断繁衍，形成了多姿多彩的粮食王国。"中国饭碗"丛书就是记录这些艰难却美好的文化故事。

我国古代曾以"五谷"作为全部粮食的统称，主要有黍、稷、菽、麦、稻、麻等，后在不同的语境中出现了多种版本。在文明的交流融江中，各种粮食品种从中东、拉美和中国逐步播撒五洲，惠泽八方。现在人们广泛称谓的粮食是指供食用的各种植物种子的总称。

随着人类社会的发展、科技的进步和人们对各种植物的进一步认识，粮食的品种越来越多。目前，按照粮食的植物属性，可分为草本粮食和木本粮食，比如，水稻、小麦、大豆等属于草本粮食；核桃、大枣、板栗等则是木本粮食的代表。按照粮食的实用性划分，有直接食用的粮食，比如，小麦、水稻、玉米等；也有间接食用的粮食，比如说油料粮食，包括油菜籽、花生、葵花籽、芝麻等。凡此，粮食种类不下百种，这使得"中国饭碗"丛书在题材选取过程中颇有踌躇。联合国粮食及农业组织（FAO）指定的四种主粮作物首先要写，然后根据各种粮食的产量大小和与社会生活的密切程度进行选择。丛书依循三类粮食（即草本粮食、木本粮食和油料粮食）兼顾选题。

　　对于丛书的内容策划，总体思路是将每种粮食从历史到现代，从种植到食用，从功用到文化，叙写各种粮食的发源、传播、进化、成长、布局、产能、生物结构、营养成分、储藏、加工、产品以及对人类和社会发展的文化影响等。在图书表现形式上，力求图文并茂，每本书创作一个或数个卡通角色，贯穿全书始终，提高其艺术性、故事性和趣味性，以适合更大范围的读者群体。力图用一本书相对完整地表达一种粮食的复杂身世和文化影响，为人们认识粮食、敬畏粮食、发展粮食、珍惜粮食，实现对美好生活的向往，贡献一份力量。

　　凡益之道，与时偕行。进入新时代，中国人民更加关注食物的营养与健康，既要吃得饱，更要吃得好、吃得放心。改革开放以来，我国的粮食产量不断迈上新台阶，2021年，粮食总产量已连续7年保持在1.3万亿斤以上。我国以占世界7%的土地，生产出世界20%的粮食。处丰思歉，居安思危。在珍馐美食和饕餮盛宴背后，出现的一些奢靡浪费现象也令人触目惊心。恣意挥霍和产后储运加工等环节损失的粮食，全国每年就达1000亿斤以上，可供3.5亿人吃一年。全世界每年损失和浪费的粮食数量多达13亿吨，近乎全球产量的三分之一。"一粥一饭，当思来之不易；半丝半缕，恒念物力维艰。"发展生产，节约减损，抑制不良的消费冲动，正成为全社会的共识和行动纲领。

　　"春种一粒粟，秋收万颗籽"，粮食忠实地眷顾着人类，人们幸运地领受着粮食给予的充实与安宁。敬畏粮食就是遵守人类心灵的律法。感恩、关注、发展、爱惜粮食，世界才会祥和美好，人类才会幸福生活。我们在陶醉于粮食恩赐的种种福利时，更要直面风云激荡中的潜在危机和挑战。历朝历代政府都把粮食作为维系国计民生的首要战略目标，制定了诸多重粮贵粟的政策法规，激励并保护粮食的生产流通和发展。行之有效的粮政制度发挥了稳邦安民的重要作用，成为社会进步的强大动力和保障。保证粮食安全，始终是国家安全重要的题中之义。

国以民为本，民以食为天。在习近平新时代中国特色社会主义思想指引下，全国数十位专家学者不忘初心、精雕细琢，全力将"中国饭碗"丛书打造成为一套集历史性、科技性、艺术性、趣味性为一体，适合社会大众特别是中小学生阅读的粮食文化科普读物。希望这套丛书有助于人们牢固树立总体国家安全观，深入实施国家粮食安全战略，进一步加强粮食生产能力、储备能力、流通能力建设，推动粮食产业高质量发展，提高国家粮食安全保障能力，铸造人们永世安康的"铁饭碗""金饭碗"！

师高民

（作者系中国粮食博物馆馆长、中国高校博物馆专业委员会副主任委员、河南省首席科普专家、河南工业大学教授）

前言

绿豆，中国古代称菉豆、植豆和青小豆；被誉为"绿色珍珠""食中珍品""济世粮谷"等。拉丁文名：*Vigna radiata (Linn.) Wilczek*；英语名：*Green gram*。绿豆属豆科，一年生草本植物，直茎或蔓藤；花呈蝶形，色绿黄；荚果细长而圆，被短毛。种子有矩形、圆形、圆柱形等；颜色有青绿、蓝绿、黄绿。绿豆喜温暖，怕寒冷；耐旱，怕涝，适应性强；播种期长，生长期短，常作为灾后补种作物，以挽回损失。

绿豆原产于亚洲温热带地区，中国是绿豆的主要原产地、主产地和出口贸易大国；全国各省（自治区、直辖市），几乎都有种植。1957年，绿豆种植面积达163万多公顷，但那个时候，平均亩产只有33公斤。2000年以来，绿豆种植面积和产能基本上处于稳中有增的状态，最高年份种植面积近100万公顷；总产量基本上稳定在100万吨以上，最高达120万吨；2005年，全国平均亩产达127公斤。河南历来是绿豆生产大省，社旗县是"绿豆之乡"。

从经济学的角度看，绿豆和其他豆类一样是养地、养人、养畜的"三养作物"。绿豆的种子可食用、酿酒、入药；绿豆的茎、叶和荚皮均可入药；绿豆秧和荚皮也是反刍家畜的上等饲草。绿豆的营养价值很高、食疗功效很多很强，具有广阔的新产品开发前景。

本书以图文并茂的形式和严谨的态度，向读者呈现绿豆种植史和文化，介绍绿豆育种、植保、管理、收割、产量、储藏与加工技术，介绍绿豆的营养价值、食用和食疗功能及其科技前沿成果。以期让读者感知绿豆从播种到收割入仓之间"粒粒皆辛苦"的丰富含义。以厚重的文献和文化信息，向读者展现运用传统工艺和现代技术把绿豆加工成林林总总的美食佳肴、饮品糕点、食疗与美容珍品等。以科技引领经济社会高质量发展的视角，反映新科技为绿豆深加工开辟广阔的增值空间。帮助读者树立敬畏、珍惜绿豆的理念，养成节约粮食、珍惜食物的优良习惯。

目录

嗨，大家好，我是绿豆！

我品种多多，可以在大部分的地区和气候条件下生长。

我用途多多，可以食用、入药，甚至还能做洗面奶！

快来认识我吧！

一、绿豆简史

1. 认识"绿衣天使"

绿豆，中国古籍里叫菉豆、青小豆、植豆等；英文名叫Mung bean或叫Green gram。现代人赞它是"绿衣天使"。之所以叫它绿衣天使，是因为绿豆可以用作中药，传统

绿衣天使

中医叫绿豆的种皮为"绿豆衣"，这在所有谷物中绝

无仅有，绿豆衣在阳光的照耀下异常的漂亮。绿豆不仅外在漂亮，还有天使般的品行和超凡的本领。在中国漫长的农耕文明史上，绿豆既是价格昂贵的粮食，又是中医的宝贵药材。传统中医有"用药如用兵"的说法，绿豆被很多老中医视作"精兵强将"。它味甘、性寒，有补益元气，调和五脏，清热解毒，消暑利水，安精神，去浮风，消烦渴，利水胀，行十二经络，解百毒等功效。

绿衣天使施医术

绿衣天使救命神

肝脏卫士

从现代营养学的角度看，绿豆含有极其丰富的营养成分。

（1）绿豆富含蛋白质。蛋白质是人体必需的营养物质，那么绿豆的蛋白质含量有多少呢？高达19.5%～33.1%，是小麦、大米、小米等禾谷的2～3倍。孩子的发育成长和老人的健康长寿，都离不开蛋白质的供给，常吃适量的绿豆，是补充蛋白质的好方法。需要指出的是，绿豆所含的蛋白质还是优质蛋白。

（2）绿豆富含人体细胞所需要的8种氨基酸（亮氨酸、异亮氨酸、缬氨酸、赖氨酸、蛋氨酸、色氨

绿衣天使营养高

酸、苏氨酸、苯丙氨酸）。人体需要这些氨基酸但身体不能合成，或者合成量并不能满足需要，绿豆中的含量则是其他谷物的2～5倍，且易于被人体消化吸收，消化吸收率高达74%～91%。

（3）绿豆含有大量的优质淀粉。绿豆中的优质淀粉占绿豆总重量的50%左右。在所有谷物淀粉和根块类食物（如红薯、土豆）淀粉中，绿豆淀粉品质最优，它除了具有一般淀粉的功能以外，还具有许多保健功能。

（4）运用化学分析方法可以得出，绿豆富含维生素和矿物质。其中维生素B_1的含量是鸡肉的17.5倍。维生素B_2的含量是禾谷类的3倍左右，比猪、鸡、鱼和牛奶还高。钙含量是禾谷类的4倍、鸡肉的7倍。铁、磷等矿物质含量比猪、鸡、鱼、蛋等的含量都高两倍以上。

（5）科学家们通过微生物技术分析发现，绿豆还富含许多活性物质。例如，抗真菌蛋白、蛋白水解酶、苯丙氨酸解氨酶、超氧化物歧化酶、抗氧化活性物等。这些活性物质具有很高的开发利用价值，这些成分对人类的健康长寿也有很好的作用。

（6）绿豆衣内含一种珍贵的物质叫食用纤维，占绿豆衣的7%～10%。

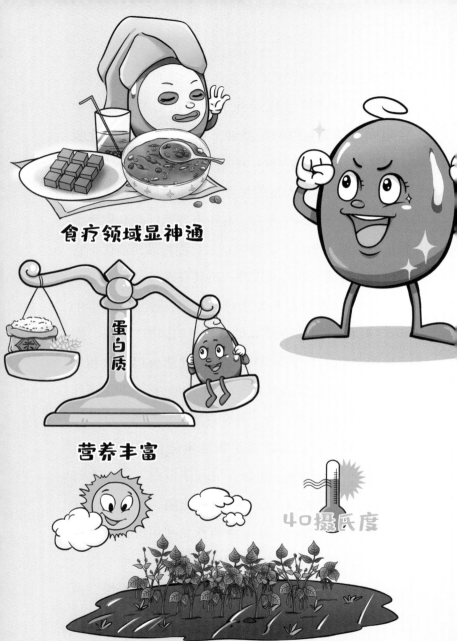

食疗领域显神通

蛋白质

营养丰富

40摄底度

耐贫瘠、耐旱

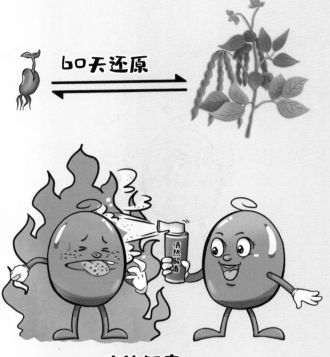

60天还原

清热解毒

自产根瘤菌

霍乱

治霍乱

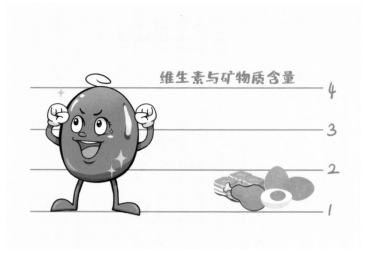

维生素与矿物质含量

绿衣天使有神威

随着生物技术和生命科学的发展，人们逐渐发现绿豆具有很高的食用价值、药用价值，以及经济开发价值。

2. 绿豆起源小考

关于绿豆的原产地问题，说法较多。苏联植物育种学家瓦维洛夫的《育种的理论基础》认为绿豆源于"印度起源中心"及"中亚起源中心"。日本学者说绿豆原产于印度。德国学者布特施耐德则认为绿豆起

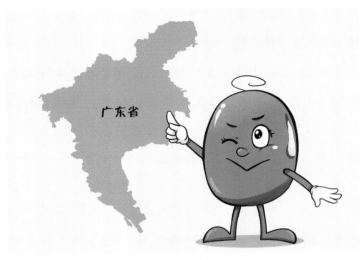

广东出天使

云南广西原有家

源于中国广东地区。中国学者曾在我国云南、广西等地发现过野生绿豆。

2015年，中国粮食专家师高民先生在《中国粮食史图说》中说道："根据古文献记载看，我国播种绿豆的历史是最悠久的。"苏联专家尼古拉·巴甫洛夫运用遗传学研究方法，以细胞染色体的知识、解剖学的资料作为研究基础，开创了"植物地理学微分法"。在一个植物种所分布的区域内，把遗传变异最丰富的地方作为该植物的起源地，这就是他推断植物起源地的最基本方法。运用这个方法，他把地球上重要的作物起源地分成八个区域，他认为，在中国地区起源的作物如下：稷、稗、荞麦、大豆、小豆、牛蒡、山蒮菜、莲、慈姑、白菜、葱、梨、杏、栗、核桃、枇杷、柿子、茶、漆树、桑树、苎麻、竹笋、山薯，等等。

以上各种说法各有依据，均以占有的资料或借助于科学分析做出的结论来支撑自己的观点。我们认为，尼古拉·巴甫洛夫的研究方法先进，对结论的支撑力也强。他在结论中虽然没有提到绿豆，但绿豆却是小豆的一种。

中国饭碗丛书

绿衣天使·绿豆

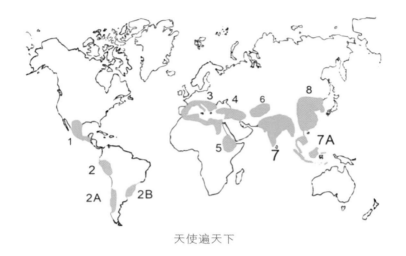

天使遍天下

　　根据绿豆喜温，在温带、亚热带、热带地区均可生长的特点，我们认为，绿豆的原产地应不止一处，且各地的绿豆又因地理环境的不同而品质上有所差异。但是，我们有充分的理由证明，中国是世界上主要的绿豆原产地之一。不仅因为中国有良好的绿豆生长条件，还因为中国有最早关于绿豆记载的文字资料。这些资料表明，中国人民对绿豆的认识是深刻而全面的，并且从食品、医药、化妆品等方面对绿豆进行过全方位的开发和利用。

3. 中国绿豆种植史

在浩瀚的中国古代农业文明中，绿豆种植史极其漫长。上古文献记载，所有豆类作物统称为"菽"，绿豆是菽类作物之一。《诗经·大雅·生民》载："蓺之荏菽，荏菽旆旆。"用现代汉语说就是："种植豆子，豆子长得十分旺盛。"那诗中种豆人是谁呢？就是轩辕黄帝的五世孙后稷。后稷是谁？据史载，后稷为童时，好种麻、菽；成人后，教民耕种农作物。在尧舜时期，他为"农官"。后被世人誉为农耕始祖之一、五谷之神。《诗经·豳风·七月》载："九月筑场圃，十月纳禾稼。黍稷重穋（lù，先种后熟的谷类），禾麻菽麦。"翻译成现代文就是："九月平整打谷场，十月收割庄稼忙。黍稷早稻和晚稻，粟麻豆麦都入仓。"这些都表明，在西周（公元前1046年—公元前771年）建立之前，中国的农业技术就已经相当成熟，豆类作物种植也相当普遍。据此推算，中国种植绿豆的历史至少有三千多年了。

春秋时期，史学家左丘明在《春秋左传·成公十九年》里记载了这样一件有趣的事情："周子有兄而无慧，不能辨菽麦，故不可立。"按照当时嫡长子继承王位的制度，周子的哥哥本应该被立为国君，可是，因为他没有起码的农耕知识，连豆子与麦子都分辨不清，这样的人怎么能够堪当大任领导国家呢？所以，弟弟周子被立为国君。这一史料告诉我们，春秋时期，掌握菽麦知识可太重要了！

战国时期，秦国宰相吕不韦组织编著的《吕氏春秋》里，记载了种植豆类作物的经验："得时之菽，长茎而短足，其荚二七以为族，多枝数节，竞叶蕃实，大菽则圆，小菽则抟以芳，称之重，食之息以香。如此者不虫。先时者，必长以蔓，浮叶疏节，小

适时播种绿豆壮

荚不实。后时者，短茎疏节，本虚不实。"意思是："适时播种的豆子，分枝长而主干短，豆荚二七成为一簇。分枝多，节

晚播绿豆长势弱

密，叶子繁茂，籽粒盈实而多。大豆颗粒滚圆，小豆籽粒鼓胀，而且有香气，称起来比重大，吃起来味道芳香。这样的豆子抗病虫害。种得过早的豆子，植株一定长得过长而成藤蔓，叶子虚弱，茎节稀疏，豆荚小而颗粒不实。种得过晚的豆子，植株矮，茎节稀，根子弱，不结果实。"上述文字表明，当时种植大豆和小豆十分普遍，种植和管理技术已经非常成熟，经验非常丰富。同时，进一步印证了我国种植绿豆的历史非常悠久。

到了汉代，人们渐渐不再用"菽"这个词，而用"豆"来概括豆类作物，之后又给豆子细分品种并逐一命名。例如，南北朝时北魏农学家贾思勰在《齐民要术·耕田》中有这样的记载："凡美田之法，绿豆

为上，小豆、胡麻次之。悉皆五、六月穊（穊：音jì，稠密）种，七、八月犁掩杀之，为春谷田，则亩收十石，其美与蚕矢（蚕矢：即蚕粪，方言叫蚕沙）、熟粪同。"可见，那时的农民已经知道把绿豆的植株翻压在土壤里让它腐烂，来作为改良土壤的上佳肥料。

元代农学家王祯在《农书》中写道："北方惟用菉豆最多，农家种之亦广。"并在书中称绿豆"乃济世之良谷也"。

到了16、17世纪，中国的绿豆走出国门，传入了欧洲和日本，开始成为全世界的美味食材。

4. 绿豆种植范围

我国绝大多数省（自治区、直辖市）都种植绿豆。20世纪以前，主要产区在黄淮流域、长江下游及华北、东北平原。其中，河南历来都是绿豆生产大省，南阳市社旗县被称为"绿豆之乡"。进入21世纪以来，内蒙古、吉林逐渐成为主产区，山西、安徽、湖北、湖南、陕西、四川、重庆、黑龙江、河北、辽宁、山东等省市亦不断扩大种植面积。2020年11月，河南省农业科学院有关专家介绍，全国除了青海省、

国内暂未呈报绿豆种植的区域

西藏自治区没有呈报种植面积以外，其他省（自治区、直辖市）都有种植。

　　由于绿豆的原产地和主产区都在亚洲，所以被世界称为"亚洲豆类作物"。目前，世界已有20多个国家种植绿豆，亚洲的印度、中国、泰国、缅甸、印度尼西亚、巴基斯坦、菲律宾、斯里兰

亚洲种植区

印度、中国、泰国、缅甸、印度尼西亚、巴基斯坦、菲律宾、斯里兰卡、孟加拉国、尼泊尔、日本、韩国等国家。

亚洲种植区

卡、孟加拉国、尼泊尔等国家种植较多，日本、韩国等也有一定的种植面积。亚洲以外，非洲、欧洲、美洲也略有种植。

5. 绿豆品种多多

由于绿豆种植区域基本上遍布世界各地，在不同地域的不同气候、水土条件下，产出的绿豆形状与品质也不尽相同，所以，绿豆品种众多。不同品种的品

各种绿豆

科学育种主阵地

质与产量也不大一样。这就需要收集种质资源，选育
适宜种植的品种。没有比较就没有鉴别，只有数量
多、种类全，才便于优中选优。中国种植绿豆历史悠
久，种植地域广阔，历史上已经形成了很多品种。但
是，由于中国近代经济落后，科技不发达，大部分绿
豆品种的产量不高，品质不优。中华人民共和国成立
以来，农业科技得到长足发展。特别是20世纪70年代
以来，以中国农业科学院为主要研究基地，育种专家
们不辞辛苦，跑遍千山万水，到生产一线收集种质资
源，构建核心种质，培养新品种，取得了举世瞩目的
成就。各省（自治区、直辖市）农业科学院亦利用当
地资源优势与特点，积极培育适合当地种植的优良品
种，也取得了优异成绩。

截至2014年底，中国绿豆种质资源的主要研究单

位已收集保存绿豆种质7000余份，加上重点地方农业科研部门收集保存的绿豆种质资源，共计有近万份。其数量之多、品种之全，远远超过了号称世界上最大的绿豆种质资源收集保存与研究机构保存的6000余份，居世界第一。

分析这些种质资源的遗传多样性、分布区域和遗传背景，既可以了解不同地理来源绿豆的遗传差异，提高优异种质利用效率，又可以发掘新的优良基因。这既提高了绿豆新品种的选育水平，又拓宽了它们的遗传基础。

区分绿豆品种的方法有很多，按种皮光泽度的话可分两种。种皮有光泽的叫明绿豆，无光泽的叫毛绿豆。按种皮颜色可分为绿色（一说青绿）、黄绿、蓝绿（一说墨绿）三种。以绿色居多，占全品种的91.5%。按照其籽粒

毛绿豆与明绿豆

的体形可分为圆柱形和球形两种，其中圆柱形又分为长圆柱形和短圆柱形。以百粒重量的多少，又可分为大中小三种：百粒重6克以上为大粒，6克以下到4克为中粒，4克以下为小粒。

此外，绿豆还有很多分类法，如早熟型、高蛋白型、高淀粉型，等等。

关于绿豆品种的科学研究充满了奥秘，还有很多、很广、很深、很新的研究方法和领域。

从科学育种角度讲，培育一个新品种，要追求四

种子

个方面的优势，即优质、高产、多抗、专用。其中，优质、高产容易理解；多抗，指可以抗击多种病虫害或逆境条件；专用，则是指适合某个种植区域，在种植管理条件已定的前提下，保证产量和品质稳定。

选育新品种主要有六种方法：引种鉴定、地方品种的评价利用、优良品种提纯复壮、系统选育、杂交育种、人工诱变。最为常用的方法是杂交育种。

培育一个新品种，最短也需要5～6年时间，例如用"系统选育法"；有的长达14年才能培育一个新品种，例如用"杂交育种法"。在培育新品种的过程中，科学家们为了便于观察并记录种子的表现，首先要把每一株结的种子，种成相对独立的一行，并插上编号。然后，从种子萌发开始，每天观察、测量禾苗，记录它们的生长情况；到了开花授粉期，还要进行人工授粉等；直至收割，脱粒，称重，化验分析种子所含的成分，这个过程才是一个周期。之后还要接着试验多个周期。每一个周期结束，都要留优汰劣，待选出的优良种子多了，还要采取品系对照试验。最后还要大面积试种，观察品种的稳定性。每粒种子都凝聚了专家的心血与汗水！

截至2014年，中国农学专家培育出适宜全国不同区域种植的绿豆品种50多个。其中，适宜东北、华北北部春播区域的品种有：白绿6号、大鹦哥绿、白绿8号等品种。适合华北和西北等春夏混播区的有：中绿3号～14号、冀绿7号～11号、晋绿7号、8号等品种。适合华中、华东与南方种植区

东北、华北北部
白绿6号
大鹦哥绿
白绿8号
华北、西北等春夏混播区
中绿3号～14号
冀绿7号～11号
晋绿7号～8号
华中、华东与南方种植区
中绿10号、15号
苏绿2号、4号、5号、6号
豫绿4号、豫绿5号
郑绿5号、郑绿8号
鄂绿5号

三大种植区的适宜品种

的有：中绿10号、15号、苏绿2号、4号、5号、6号、豫绿4号、豫绿5号、郑绿5号、郑绿8号、鄂绿5号等品种。这些优良品种，覆盖了中国大陆所有的绿豆产区。它们各具优势，有的蛋白质含量高达29.01%，如绿丰5号；有的淀粉含量高达55.01%，如吉绿7号；有的品种产量，含蛋白质、淀粉量均比较高，特别是中绿3号，最高亩产达280公斤。有的品种如冀绿9309，

虽然产量不高，平均亩产只有73.9公斤，蛋白质含量25.46%、淀粉含量49.26%，但它的最大优势是抗病毒、叶斑病、白粉病，而且适宜区域广，东北、西北及华北春播区域和华北、黄淮及长江中下游的春播与夏播区域均可种植。更可贵的是，在其他品种不能生长的恶劣环境下，它仍然可以生长，并能获得相对理想的收成。所以，种植绿豆时，选种要因地制宜。

6. 中国绿豆产能

中国绿豆产能的提升是一个艰难的历程。1840年以后的百年间，中国一直处于落后状态。农业生产止步不前，中国绿豆在世界上的地位和影响微乎其微。中华人民共和国成立之后，人民群众当家作主，劳动积极性一下子迸发出来。20世纪50年代初，中国绿豆种植面积、总产量和出口量曾居世界首位。1957年种

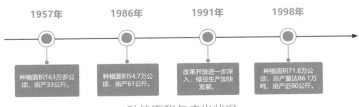

1957年	1986年	1991年	1998年
种植面积163万多公顷，亩产33公斤。	种植面积54.7万公顷，亩产61公斤。	改革开放进一步深入，绿豆生产加快发展。	种植面积71.8万公顷，总产量达86.1万吨，亩产近80公斤。

种植面积与产出状况

植面积达到163万多公顷，但是由于品种不优，种植技术落后，亩产只有33公斤。

　　由于种种原因，中国绿豆的种植面积一再缩减、生产水平提升缓慢。到1986年，种植面积只有54.7万公顷，但亩产提高到61公斤。1991年春邓小平南方谈话以后，随着改革开放的进一步深入，中国的绿豆生产进入发展快车道。1998年，种植面积为71.8万公顷，总产量达86.1万吨，平均亩产提高到近80公斤。

　　21世纪以来，中国绿豆产能进入了稳步提升期。种植面积和产能均处于稳步增加的状态，最高年份种植面积近100万公顷；总产量基本上稳定在100万吨以上，最高达120万吨；平均亩产提升到95公斤左右，2005年产量最高，全国平均亩产达127公斤。

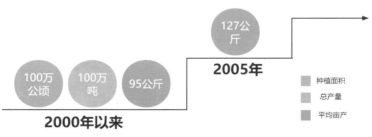

产能曲线

不过，目前中国绿豆生产与产能仍然受到自然条件（如大旱、洪水、冰雹等）和国内外市场行情的双重制约。所以我们应该珍惜手中的粮食，珍惜碗里的饭菜。谨记"一粥一饭，当思来之不易；半丝半缕，恒念物力维艰"，牢记"丰年思饥馑"的古训。

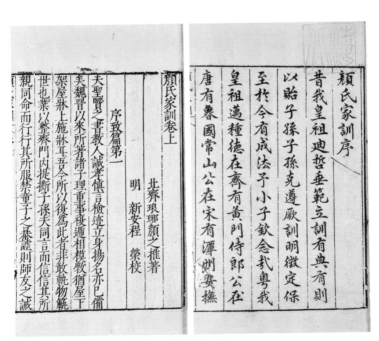

《严氏家训》标注

二、绿豆的生产与管理

1. 绿豆天生好习性

绿豆喜温耐热、抗旱怕涝，对土壤的肥力要求并不严格。它的根部长有与其根系共生的根瘤，也叫"固氮瘤"。根瘤内有一种特殊的菌类，叫"根瘤菌"，它能够固定空气中的氮气

耐高温

并供给绿豆植株，同时还能够培肥土壤，供下一茬的其他作物享用。所以，绿豆又是"养地作物"。绿豆适应性强，水、土、肥、气温等条件好了，就能生长快、长势好、产量高，像华北、华中等地区，亩产一般在200公斤左右。在北方干旱、半干旱地区的山冈薄地，它也能生长。

绿豆怕冷，耐高温，北方春播区要在无霜期（一般过了谷雨节气），地温在10摄氏度以上，才能播种；南方秋播区，要赶在霜降节气来临之前收割完毕，最低气温在16摄氏度以下，绿豆就不再生长。但绿豆的植株却可耐40摄氏度的高温。

绿豆比较耐旱，只有在开花和结荚时期，需要适当的水分。绿豆怕涝，土壤过湿就会疯长倒伏，花荚期如果遭阴雨连绵，会花荚俱落；如果地面积水超过48小时，其植株就会死亡。

2. 生长期长短随地域

绿豆播种期长，生长期短。据中国农业科学院有关专家的著作中列出的数据来看，目前通过国家农作物品种审定委员会和省（自治区、直辖市）农作物品种审定委员会审定的50多个优良品种中，

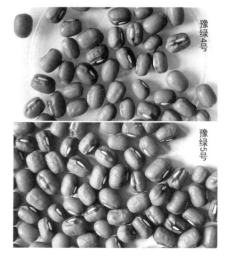

豫绿4号

豫绿5号

生长期最长的115天，例如黑龙江省农业科学院嫩江农业科学研究所培育的"绿丰5号"；生长期最短的仅有57天，如河南省农业科学院培育的"豫绿4号""豫

绿5号"。黄淮海农区还流行一句农谚："绿豆60天还原。"即从播种到收割脱粒入仓的周期只有60天。

在中国大陆，大致可分为三大绿豆播种区，即华北北部和东北春播区，华北西北等地春夏混播区，华中、华东和南方播种区。具体划分是以长城为界，北部和东北为春播区，长城以南和黄淮流域为春夏混播区，大约长江以南为南方夏秋混播区。

一般春播区绿豆的生长期要90～115天；夏播区绿豆生长期要60～70天，只有极个别的需要92天，如"苏绿5号"，该品种由江苏省农业科学院蔬菜研究所引进国外品种与本地品种杂交，经过9年选育并通过鉴定。其优点很多，抗豆象、品相好、口感好、味道

收割机

香、产量较高，一般亩产在150～180公斤，而且对土肥要求不高。南方秋播区，在7月底前后一两天，正值秋天高温干旱季节播种，生长期80天左右，赶在10月中下旬（霜降前）收割。

3. 辛勤耕作精心管理

种植绿豆要因地制宜。首先，选适合当地水土与气候条件的优良品种；其次，在当地现有的条件下，选择适合绿豆生长的地块，要避免洼地和重茬；再次，要适时播种，既不能早，更不能晚。农谚说："春争日，夏抢时。""紧张的庄稼，消停的买卖。"讲的都是播种的时间和田间管理的要领：适时播种、施肥、锄草、浇水、防治病虫害、收割，等等。一环扣一环，环环不敢放松。

比如春播地在前一年收了秋庄稼，如高粱、玉米、棉花、谷子等，就要趁气温还比较高的时候，抢先犁一遍，把前茬的庄稼根、叶子等翻到下面，使其腐烂，农民管这叫"灭茬""晒垡"。如果下秋雨，地里要长草，等草长到一定高度，犁一遍，把草翻到下边，农民管这叫"掩青"。这样犁两三遍的目的是

晒垡

让土壤充分吸收阳光，增加其活性。"灭茬"与"掩青"能增加土壤里的有机质。

农谚说："冬耕深一寸，等于多上粪。"即在冬天下雪前，把土地深翻起来，尽量使田地坑坑洼洼，农民管这叫"垡头地"。其目的有三，一是让土壤充分受光，使土活泛，就是加厚耕作层并增加土壤活性；二是让土壤受冻，尽可能冻死土壤里的虫卵和病毒；三是为了把雪留在田地里以保墒，农民还有雪水肥田的经验。中国北方冬季下雪往往伴有北风，把地翻得坑坑洼洼，既积雪于田，还有助于冻地。

垄地积雪

俗话说："种地不上粪，等于瞎胡混。""庄稼是枝花，全靠粪当家。"古代没有化肥、磷肥、复合肥等肥料，为了让农田肥沃，农民在从事劳作的同时，一年四季要不停地积攒肥料。青草、树叶、灶灰、秸秆、糟渣、牲畜的粪便，凡能肥田的生产、生活的废弃物，无不被收集起来沤制成农家肥，它们经过处理后便被运到地里用来肥田。

绿豆在播种前，种子要去杂去劣。在不同气温带和不同季节的播种时间都不相同，例如东北地区的春播时间在5月中旬到6月上旬为宜；而以长城为轴线

捡粪

施肥

的地带，5月中下旬是春播的最佳时期；黄河以南地区，春播以4月下旬过了谷雨节气到5月上旬播种最为适宜。

　　在不同区域和季节播种的深度也不一样。春播时，为了防止寒流来袭和没有食物的鸟儿啄种子，要适当深播，以3厘米以下而不超过5厘米为宜；而夏播时，则1厘米左右深即可，因为夏季鸟类多去树上、田间找虫为食，根本不会光顾没有"青纱帐"的灼热田野里的种子。

夏播

二垄靠（种植技术）

　　因地理环境、水土条件和气候的不同，绿豆种植的方法与密度也各不相同。例如中西部山区有民谚说："绿豆，绿豆，搁下箩头。"意思是山冈种绿豆，一窝种几棵，窝与窝之间约半米间隔。在黄淮海平原，土壤肥沃，夏季雨水充沛，则用耧播种，即用种小麦的播种耧，一耧三行，耧与耧之间，留半米距离（也叫宽背）。这便于农民田间管理与摘绿豆荚。

　　人们利用绿豆不怕高秆作物遮阳的特点，总结出许多套种、间作的方法，绿豆可以和玉米、谷子、高粱、棉花、红薯等套种；还可以在地头、沟边、河坡等空地点种；或在果树、桑树之间播种或点种，等等。例如在黄淮海平原农区的"姑骑驴"，即在大田播种绿豆时，往绿豆种子里掺极少的谷子种子。

套种（种植技术）

谷子秸秆高而稀，绿豆矮而密，长起来之后，既利用了上下空间，又充分利用了土地空间。这是因为绿豆的根系以主根和侧根为主，毛根较少，而且有根瘤；谷子则以毛根为主，它可以吸收根瘤固氮的营养。其效果是，谷穗长得长而颗粒饱满，而绿豆也不减产。这就是"谷（姑）骑绿（驴）"。还有其他歇后语如："棉花背（即垄与垄之间）里点绿豆——净赚。""红薯沟（即两垄之间的沟）里点绿豆——两不误。"等等。

因绿豆生长期短，适播期长，又被称作"救灾保收的轻骑兵"。在我国南方和华中地区，夏季遭旱、涝灾害后，往往靠补种抢种绿豆挽回损失。例如1993年7月中旬，江苏特大洪灾，30万亩秋作物受淹严重，后补种20万亩绿豆，每亩收成100公斤左右，挽回损失5000万元。再如，南方7月、8月份常遇旱灾，无法插晚稻秧，往往以补种绿豆达到增粮、增饲、增收的良好效果。

绿豆生长期要护青，防止牲畜家禽糟蹋。夏秋季节的田间地头，会有一些用木杆、草苫搭起的庵棚，供护青人员避雨遮阳。

绿豆生长期间，田间管理的环节很多，有间苗、锄草、浇水、排涝、捉虫、治病等，最繁重的任务是锄地。黄淮海平原流行农谚："锄头上有水，锄头上有火。""锄头底下有三宝：防旱防涝除杂草。"山西民谚："一道锄头一道粪，三道锄头土变金。"意思大致相同：遇到干旱天气要锄地，以打破土壤蒸发水分的毛孔，保墒；下雨过后，既要锄草，又要疏松土壤，使土壤中多余的水分尽快蒸发，提高地温。"锄禾日当午"中同样蕴含了许多实用的逻辑知识，越是天气热的中午，越要加紧锄地，因为温度高，锄

田间草庵

掉的草就会很快被晒死。雨水大的时候，锄地使土壤疏松，可以尽快蒸发水分。如果锄得晚了，野草比庄稼生命力强、生长快，它会把庄稼"吃掉"。

在田间管理环节中，农民的付出是极大的。到了抢收、抢种，以及和虫害、病害、草害争抢时间的节骨眼上，他们的家人就把午饭送到田间，吃了饭，碗一丢就继续干活。不少人五十岁上下就被农活累得弯腰驼背。要是实在太累了，农民就光着脊背，靠在树下或躺在坷垃地上小憩，还自娱自乐地说唱道："铺地，盖天，头枕半截砖，胜似皇帝金銮殿。"这就是

送饭

田间小憩

中国农民乐观、豁达、可爱的性格。

当绿豆植株和叶子基本上覆盖地面的时候，锄草的任务会减轻，但此时要在绿豆根部封土起垄，还要防治病虫害。农业机械化和地膜等农业科技的兴起与发展，减少了农民很多重体力劳动，但是还有许多农活是机械不能代替的。例如，要在地膜上为禾苗人工打孔，使禾苗上长并接受阳光；绿豆进入开花期之前的三周内，要人工喷洒两遍叶面肥；还有操作机械的劳动等等。

地膜

病害   虫害

　　防治病虫害是绿豆生长期间艰巨而复杂的工作。播种前就要对种子进行农药包衣，或者用生物技术处理。因为，在生长期间，绿豆会不断地经受病害、虫害和草害等威胁。

　　针对这些情况，农业科学家在传统农耕经验的基础上，通过现代科学研究，总结了以下几种治理办法。

　　（1）农业治理。针对病害与草害，采取轮作、灭茬、深翻晒（冻）垡等方法，尤其是春播期更有机会深翻灭茬，杀死病虫害。

　　（2）高温积肥。通过厌氧发酵农家肥的办法杀灭病害与虫害，具体做法：把小麦、玉米等作物秸秆铡成2～3厘米的段，拌适量水分掺匀，堆一米半左右高，上边再灌入人和牲畜的粪汤，周围用泥糊严，再蒙盖塑料薄膜。经过2～3个月炎热曝晒，使其内部高温达60～70摄氏度，以杀死病毒与虫卵。9月中下旬再翻一次，使秸秆彻底腐烂。

（3）利用沼气池沤制农家肥。农村生产、生活的废弃物和人畜粪便经过沼气池发酵后，就会得到上等的农家肥。沼气是清洁能源，可照明、做饭、取暖；沼液可做作物叶面肥，且有杀灭虫害的作用；沼渣是上好的有机肥，尤其是现代沼气池，可以使沼渣自动溢出，灌溉水流入田间，省力省时，肥田的效果又快又好。

（4）选用优良品种。现代科学育种，追求高产稳产、品质优和抗病虫害。

（5）喷施农药，机械、人工共同防治。随着我国经济建设进入高质量发展阶段，种植业正在推广对人畜无害的低毒农药和无公害的生物农药。飞机喷施无公害农药防治病虫害是主要手段。

喷洒农药

4. 及时采摘用心收藏

收割绿豆有人工和机械两种方式。人工采摘也叫"摘绿"，当豆荚由青变黑的时候，就可以采摘了。摘完了豆荚，要趁叶子未干未落时，抢割植株，立即垛起来，使它在不见阳光的条件下阴干。这样处置的秸秆有青储发酵的气味，对于牲畜来说，适口性好，是牛羊等反刍家畜的上等饲草。摘下的豆荚经脱粒后的荚皮也是好饲草，在传统农耕时期，只有下犊的母牛和骒马等贵重牲畜才可以吃到。所以，在农民看来，绿豆本身是上等谷物，它的秸秆、叶子、荚皮都是珍贵的。

摘绿

机械收割

第二种收割方式是一次性收割，也叫"拔绿"。采用收割和脱粒一体化的机器收割，脱粒后的绿豆叶、植株和豆荚混在一起，这仍然是牲畜的优质饲草。

绿豆储藏的问题近些年来才受到重视。在小农经济时期，绿豆一直是小杂粮之一，产量和储藏量都不大，收获以后，进入秋冬干燥期，在储藏中霉变的可能性很小。一般家庭都把绿豆和其他粮食分开保存。

（1）绿豆作为种子时的保存方法。俗话说："饿死爹娘，不吃种粮。"意思是，再饿也不能打种子的主意。如何储存种子，也就显得十分重要了。先是晒种，绿豆种子要晒得"哗啦哗啦"响，装袋的时候，要放能避虫、晒得"嘎嘣嘎嘣"响的国槐叶子，一层种子，一层槐叶，装满袋子，然后把袋子口扎紧，挂在墙上。如果在夏播期，要在好晴天里晒一次，临播种前几天再晒一次。

（2）绿豆作为粮食时的保存方法。农民一般会把绿豆放在盆里或缸里储存，吃的时候随时观察与暴晒。小户人家绿豆少，不会有虫蛀的机会。只有

晒场

大户人家，绿豆多了，才会用囤储藏。传统的粮囤透气性很好。用这种囤存放绿豆，最大的害虫是绿豆象，它的幼虫潜伏在绿豆粒内，会蛀食种子。严重时能把绿豆吃成空壳。传统的方法是在囤绿豆的时候，趄一层穴子，约20厘米宽，放一层绿豆，稀落地撒一层花椒或国槐叶。

　　在现代，大规模存放绿豆、防治绿豆象有两种方法。一是化学方法，用磷化铝片（丸）放入绿豆袋子里，把仓库密封好，放在里面熏蒸。这种方法效果好，简单易行，缺点是有一定的毒性，操作时工人需

粮囤

要戴防毒面具和手套，穿工作服，熏蒸后要通风。随着科技发展，用机器人操作是最好的办法。二是物理方法，把绿豆放入商业冷库，零下5摄氏度放30天或零下10摄氏度放15天，即可彻底冻死绿豆象的幼虫。

此外，民间还有一种密闭储存法。把绿豆水分降至12%以

绿豆象

耕地

浇水

施底肥

播种

打垄

洗种

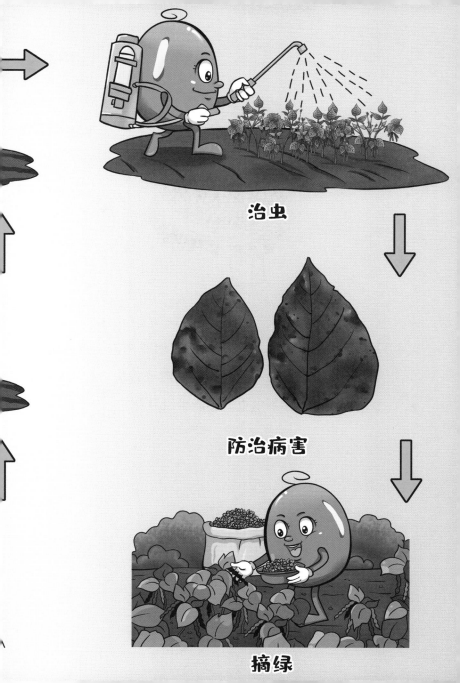

治虫

防治病害

摘绿

密封储存

下，充分去杂后，装入密封的玻璃或陶器，放入地下室或菜窖，这是最安全、简便的贮藏方法。存放3年以上不会变质，亦不生虫，还能生绿豆芽。

三、绿豆的食用与药用价值

1. 营养丰富价值不菲

在中国传统观念里，人们对绿豆的认知只是感性的。民谚"绿豆既出面，又出饭"的意思是，磨绿豆，会得到超出预期的面粉量；拿绿豆做饭，会做出超预期的饭食量。民谚还说："豆子（指大豆）没麦贵，绿豆不低麦。"但自改革开放以来，人们的生产水平与消费观念发生了变化。大豆的价格一直逐步攀升并超过了小麦，这是因为大豆的加工增值空间超越了小麦，但截至目前，市场上大豆的价格仍然远低于绿豆。而且，人们逐渐认识到绿豆具有很高的食用价值与药用价值。

用化学和微生物技术分析绿豆中的营养成分，以微量元素、氨基酸等含量来表达。绿豆所含蛋白质、脂肪等化学成分见表3.1，绿豆氨基酸组成分析见表3.2。

表3.1　绿豆的化学组成（每100g绿豆中含量）

项目	含量	项目	含量	项目	含量
蛋白质	23.6（g）	维生素A	6.42（mg）	钠	3.21（mg）
脂肪	8.32（g）	视黄醇	12.43（ug）	硒	4.29（ug）
碳水化合物	54.56（g）	胆固醇	0（mg）	锌	2.21（mg）
膳食纤维	6.24（g）	胡萝卜素	3.23（ug）	锰	1.12（mg）
硫胺素	3.62（mg）	铜	1.12（mg）	维生素E	10.76（mg）
核黄素	11.23（mg）	磷	337.45（mg）	铁	6.56（mg）
烟酸	2.35（mg）	维生素C	0.21（mg）	钙	81.26（mg）
镁	125.32（mg）				

表3.2　绿豆蛋白中氨基酸组成分析（mg/g）

氨基酸	含量	氨基酸	含量	要求
天冬氨酸Asp	186.4	蛋氨酸 Met*	30.8	25
谷氨酸 Glu	35.6	半胱氨酸 Cys	8.6	
丝氨酸 Ser	10.1	异亮氨酸 Ile*	57.3	28
甘氨酸 Gly	64.2	亮氨酸 Leu*	106.6	66
组氨酸 His	55.6	苯丙氨酸 Phe*	176.1	63
精氨酸 Arg	112.3	赖氨酸 Lys*	75.6	58
苏氨酸 Thr*	66.1	天冬氨酸 Asp	18.6	
丙氨酸 Ala	75.3	色氨酸*谷氨酸 Glu	DN35.6	11
脯氨酸 Pro	91.2	胱氨酸	22.5	
酪氨酸 Tyr	51.0	总必需氨基酸	531.4	328
缬氨酸 Val*	76.7			

通过现代科技手段，不仅能分析出绿豆的营养成分、微量元素成分、活性物质成分的种类，而且还能得出绿豆所含的功能性成分的精准量，为精深加工及预测其应用价值提供了科学依据。

2. 传统制品与传统工艺

在农耕文明时期，因受科学技术的制约，绿豆一直停留在初级加工阶段，只能用它磨面、磨粉、发绿豆芽，或是以绿豆面粉、绿豆淀粉、绿豆芽为主要原料制作成食品。

（1）绿豆面。绿豆面就是通过石磨的碾压和研磨，把绿豆磨成面，并分离出绿豆皮。磨面工艺程序：除杂（拣出杂、劣等）→浸润（用适量开水边兑

人推磨　驴拉磨

边搅，以绿豆全部沾水而容器内没有水为宜。搅拌至常温，用干布吸干水后置放12小时。或者去杂后，先将绿豆磨成糁儿再浸润。浸润的目的是去涩味与豆腥气，且容易磨成面）→用石磨磨（人推或用驴拉磨）。

（2）绿豆粉。绿豆粉即从原粮中提取淀粉。选豆（去尘、杂、劣）→烫豆（把所选绿豆入缸，用开水浸约50～60分钟。其作用是去涩味，软化豆粒，便于磨粉，但时间不宜过长，否则淀粉发黏）→泡豆（烫好绿豆后直接注入冷水，由于季节不同，浸泡时间也不同，以用拇指和食指捏住绿豆轻轻一捻，皮与豆瓣分离，豆瓣平面无凹陷为好）→漂洗（再一次去杂、尘）→磨浆（磨浆与磨面形式基本一样，不同的是，磨浆时在磨上悬挂一盆水，让似乎断流的细水随着磨上的豆子一起流入磨眼，磨下来成稀糊）→过滤沉淀（用过滤网，兑三到四遍清水，每一遍都要晃动或搅拌与挤压，滤除豆渣。沥下去的淀粉与水，放入水缸沉淀10个小时左右。以用木杆插入缸底立即提出时，木杆上带的水清而无淀粉为好。倒掉清水，缸内淀粉上边有3～4.5厘米深的糊状黄汤，粉匠称之为"浆"，有的地方叫"游芡"，现代说法是蛋白质。对于"游芡"的处理，在传统农耕时代，人们不知道蛋白质的营养价值和经济价值，会直接和清水一起倒掉。只有少数注重节约的人把它收起来，或掺些杂粮面粉蒸窝窝头吃掉，或拌入牲畜家禽饲料。无论是把游芡收起来还是倒掉，接下来都要"洗芡脸儿"，即舀一瓢清水，轻轻地把游芡冲洗干净，使缸内只剩下洁白的淀粉）→第二次过滤（在淀粉缸里再次兑入清水搅匀，再过滤一遍，再次沉淀）→沥水与干燥（二次沉淀后，把淀粉从缸底扒出，放在方布单内吊一天一夜控水，其中要翻一次兜儿）→烘干或晒干。

黄河以北的平原地区，在制粉过程中有"发酵沉淀"的工艺。具体做法是：绿豆磨成豆浆过滤后，加入适量"老浆"（即从上次豆浆中取出来的浆水）搅拌均匀，让其自然发酵，边发酵边沉淀。发酵沉淀的时间长短，随四季气温灵活掌握，冬季约24小时，夏季约4小时。这道工序的作用是让浆和水分离开，同时，酵化粉质，为制粉皮、粉丝打好基础。其关键是加入老浆的多少，加少了，浆与水分离不彻底，淀粉得率低；加多了，虽然得淀粉率高，但是会影响制

选豆　　　　　　　　　　开水浸泡50~60分钟

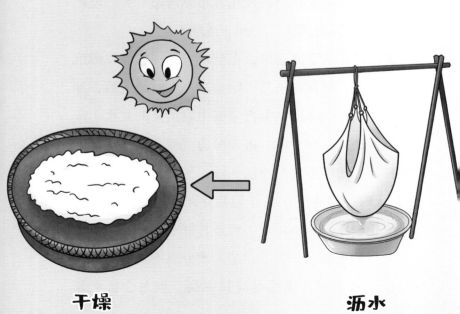

干燥　　　　　　　　　　沥水

冷水浸泡、漂洗

磨浆

重复两次过滤与沉淀

沉淀10小时

过滤

沥水

粉皮、粉丝的质量和品相。究竟加多少为宜，全凭
师傅的感觉，而且春夏秋冬加的量各有不同。该地区
制粉，也要经二次过滤沉淀，第二次沉淀时不再加
老浆。

　　这种发酵制粉法，在北魏贾思勰的《齐民要
术·卷五·作米粉法》中有类似的记载。不同的是，
贾氏记载的发酵法制出来的粉分为"粗粉"和"粉
英"两种。"粉英"是米粒中心部位的淀粉，即淀粉
中的精华，可以拿来做化妆的扑粉。"粗粉"可作为
爽身香粉或供烙饼待客。

　　现代磨绿豆粉，绿豆泡好以后，用浆渣分离机，在粉碎过程中冲足够的水，一次性把浆与渣分离出来。具体工艺如下：去杂→烫浸→磨浆→过滤→沉淀分离→沉淀→干燥。与传统方法不同的是，在"分离"工艺中会把淀粉上层富含蛋白质的"游芡"取出加以利用。

　　无论哪个朝代和地区，制作绿豆淀粉都要经过二次过滤来达到使淀粉纯净、精细的目的。

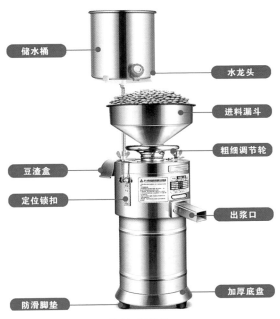

　　　　　　　　　　　　　　储水桶　　　　　　　水龙头

　　　　　　　　　　　　　　　　　　　　　　　进料漏斗

　　　　　　　　　　　　　　　　　　　　　　　粗细调节轮

　　　　　　　　　　　　豆渣盒

　　　　　　　　　　　　定位锁扣　　　　　　　出浆口

　　　　　　　　　　　　　　　　　　　　　　　加厚底盘

　　　　　　　　　　　　防滑脚垫

浆渣分离机

（3）绿豆芽。在传统农耕时期，无论是家庭自给还是开店专卖，发绿豆芽都是小规模手工制作。一般农家都会掌握发绿豆芽的技术。先要去杂、洗豆、沥水，然后放入一个盆或小水缸内，上边蒙一层湿布，盖口。保持水分和温度，要每天冲一次清水。到绿豆皮裂开、豆芽萌动时，再倒入比较大的容器，盖严、压实，放室内避光处，温度要稍低，以使豆芽粗壮、洁白。民间给绿豆芽送了一个美称叫"银芽"。

传统经验里，绿豆芽长出以后，一怕光，连室内的正常光线也不能见，否则就绿，绿则变味；二怕生毛根（须根）。

发绿豆芽

现代工厂化生产绿豆芽的全过程都是在封闭车间内进行，工艺程序：选豆与清洗→烫豆与浸泡→孵化与淋水→清洗去皮→质检与卫生标准检测（合格）→包装→进入冷链物流环节。现代化生产仍需耗费大量的人力物力和能源。经现代科学化验认定，绿豆芽长至3厘米时，营养最丰富，超过10厘米则营养减半。

绿豆芽

在豫东有这样的习俗：姥姥为第一胎外孙子（女）庆祝满月时，孩子的奶奶要回赠礼品。如果是女孩，回赠礼品中一定要有绿豆芽，寓意孩子生命力强、漂亮、水灵、性格温柔、包容等；如果是男孩，一定要有黄豆芽，有孩子生命力强、金贵等寓意。这是因为

黄豆芽

在传统农耕时代，人们认为绿豆有春盛升发之意，黄豆有金贵之喻。不管绿豆黄豆，都是欢蹦跳跃的象征，寓意孩子健康活泼。还有的地方在孩子满月回礼时的礼品盒里撒上一层小麦，同样寓意孩子落地生根、茁壮成长。人们对谷物的高度依赖与坚定信仰，可见一斑。

　　传统加工模式下，人们对价值高昂的活性物质尚不了解，一般只要求获取面粉、淀粉等产品，反而把营养价值高的绿豆蛋白作为"游茨"废弃，把经济价值较高的食用纤维作为"豆渣"处理，或作为牲畜饲料，造成浪费和污染。而现代精加工、深加工则以蛋白质、食用纤维、活性物质，以及延伸与派生产品淀粉酶、蛋白酶等高附加值产品为获取对象。

　　传统加工方法与现代深加工方法有机结合在一起，形成了绿豆综合开发利用的产业链与价值链。在满足消费者不同层次和不同方面需求的同时，不仅提高了经济效益，也有利于净化环境和建设生态文明。

　　（4）绿豆面条。绿豆面条是北方人常吃的面食。其实，纯绿豆面黏度和硬度都比较大，很难擀成面条。人们通常按照绿豆和小麦1：2的比例磨成面，这种面叫"绿豆面"，也叫"杂面"。用这种面擀成的面条，吃起来很筋道，兼有麦香与绿豆香味。中原地区的人爱吃"芝麻叶绿豆面条"或"霜打红薯叶绿豆面条"。

芝麻叶绿豆面

　　（5）绿豆浆面条。绿豆浆面条是豫西、豫北一带的传统名小吃，也叫"酸浆面条"或"粉浆面条"。把绿豆淘洗干净，用水浸泡至膨胀，磨浆，过滤，去渣，发酵，两三天后酸浆即成。把酸浆倒在锅里煮

绿豆浆面条

开，再下面条，煮熟即可食用。酸浆面条制作简单，酸香利口，十分开胃，颇受普通百姓喜欢。

（6）绿豆面丸子。绿豆面丸子是中国的大众食品。中原地区炸绿豆面丸子要掺一定比例的白萝卜丝或黄豆芽，以五香粉、葱花、食盐为调料。有的地区以绿豆面、淀粉、粉丝、黄花菜为主料，佐以葱、姜、味精、料酒和食盐。炸出外焦里软、酥香可口的丸子后，或趁热吃，或做成酸辣丸子汤，或和粉条（丝）、白菜、猪肉片一起烩，均堪称美味。

（7）绿豆煎饼。绿豆煎饼有两种做法。第一种做法是用炒菜锅或平底锅煎。第二种是用鏊子煎。鏊子煎饼多用来待客，刚煎好时有点焦脆，放入馍筐后，再用白布一盖，就会变得筋道，卷着吃的时候非常难咬难拽。山东、河南、江苏交界处的乡亲，给这种煎饼起了一个形象的名字，叫"健齿饼"，意思是吃的时候要牙齿咬紧、手拽、头摇，才能撕掉一块嚼食。这种煎饼有健胃功能。在传统农耕时期，这种煎饼最适合出门的时候做干粮，本来含水分就少，煎好后再晒干，就不易变质。吃的时候也可用开水泡发，味道鲜美、挡饥健胃。

健齿饼

（8）绿豆凉粉。绿豆凉粉是中华名小吃。先将绿豆淀粉兑适量清水，搅匀。然后将粉汤入锅煮，要不停地搅动防止糊锅，煮沸（锅内急促冒泡）4～5分钟，成黏稠糊状后，停火（现代工艺，注入蒸汽）。最后将绿豆糊盛入盆等器皿冷却（可在自然温度下或冰箱5摄氏度内冷却）备用。

绿豆凉粉主要有拌和炒两种吃法。其一，拌凉粉。把凉粉用冷水洗净，切成条状，入盘备用；根据各自的口味，取蒜泥、香葱、香菜末、姜末、味精、香油、花椒油、芥末油、芝麻酱、食盐、香醋等调

绿豆凉粉

拌凉粉

料，调成汁，浇到凉粉条上，搅拌均匀。盛夏食之，
充饥消暑，是绝好的小吃。还有更讲究的吃法，用金
属刮子把凉粉刮成丝，配熟肉丝、黄瓜丝、榨菜末，
用辣椒油、酱油、蒜泥、味精、精盐、小磨油、香醋
等（可依个人爱好）调味，一起拌匀。这道吃食往
往是待客的佳肴。其二，炒凉粉。把凉粉切块备用。
平底锅放适量花生油，待油升至一定温度，油香正浓
时，放八角炒出焦香味，再放葱花与大蒜末，炒出香
味，这时放绿豆凉粉，翻炒。先大火炒，再小火炒，
直到将凉粉炒成丁，结出一层黄饹馇（gē zhɑ，方言，

熟面饼炕焦的那一面）时，淋入稍许绿豆淀粉水，盖住锅盖，直到下边结一层黄焦酥脆的锅巴，再淋一层小磨香油。炒好的凉粉吃一口，那叫一个香呀，管叫你"三月不知肉味"。

每到农历二月二这一天，全国各地都有属于当地文化特色的节日活动，中原地区更是丰富多彩。很多地方会举办庙会，赶会的人们，无论贫富，都要买碗炒凉粉吃，有"二月二，吃凉粉"的习俗。要说炒凉粉的精致度，当属古城开封炒凉粉，已成为享誉中外的一道名小吃。

炒凉粉

（9）绿豆粉皮。用纯绿豆淀粉制粉皮，工具主要有一口铸铁锅，两个红铜"踅"（xué），有的地方叫"旋子"。传统的生产模式，是需要三个人合作的，一人掌旋子，一人揭、摊、晾，一人烧火。

先调汤，按一定比例往绿豆淀粉里加水，让淀粉融化于水，成糊状，作坊里管这叫"粉汤"。然后制皮，粉皮匠人用木勺盛一勺粉汤，倒入旋子，两手掂起旋子沿用力转，松手，让旋子在沸水面上顺时针旋转，粉汤受离心力影响，就会被甩到周边。在这个过程中，旋子底已熟上一层粉皮，待旋子转动停止，抓住旋子沿晃动一下，让甩到边的粉汤再回到中间，在流回过程中又熟上一层，正好粉汤流尽。这时顺手提起旋子的一边，灌入一些开水，粉皮熟透后，把粉皮摊在凉箔上，自然晒干或烘干。

旋子

制作传统粉皮，工艺性强。截至目前，机

晾粉皮

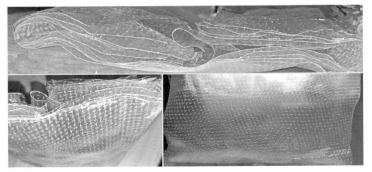

汝州粉皮

械化程度都不高，只有个别地方，在制粉、制皮和干燥方面引用了机械化和半机械化，但工艺原理仍然保持着传统特点。

（10）绿豆粉丝。取适量绿豆淀粉和白矾放入盆内，用温水和成糊，从开水锅中间沸腾度最高的地方，一次舀出足量，迅速兑入糊内，就势猛地将所有热气扣到装有粉糊的盆里。紧接着工人用右手执盆沿晃动数下，停两三分钟，倒入放有适量淀粉的缸子内，掺匀再兑适量热水。三四条壮汉围着粉缸揣，都光着右胳膊，拳头对着粉缸，喊着号子，一起用拳头捅下去，再抄起来，摔下去；挪一步，再捅，再抄，再摔；节奏时快时慢，这样手操拳捅，大约揣两个小时。一直揣到糊没有一点儿疙瘩，糊下时细若马尾而不断，流而不急，才算糊成，这叫"揣糊"。

糊成了，就要下粉丝了。锅里的水开了。端瓢的人左手端瓢，右手挖一块糊装进瓢里，接着"啪啪啪"拍几下，粉丝从瓢眼儿漏下来，直到丝条正常。待瓢内漏完，工人用提篮一次捞出，放进旁边的冷水缸内使粉丝冷却。粉丝在室内晾凉时会粘成一坨，要放在凉水里慢慢散开，捞起来后搭在室外晾晒，晒得

下粉丝

晾粉丝

半干时，要用硫黄熏一次，再晒干捆起即可。

现代的制粉丝工艺在传统工艺中增加了一些机械化环节。例如烫糊以后用打糊机搅拌均匀，然后把糊和淀粉一起放入和面机。使用机械能减少很多体力劳动，可以使产品更加标准化。

（11）肉丝炒绿豆芽。绿豆芽，猪瘦肉或鸡肉切成细丝，勾适量蛋清与淀粉汁，佐料为辣椒、葱段、姜丝、蒜片、五香粉、白糖、精盐、味精。大火热油烹肉丝至熟后迅速出锅，放适量食油爆炒姜葱蒜，后将肉丝、绿豆芽一起入锅，边翻炒边依次放入调味料，豆芽熟后即可出锅。

肉丝炒绿豆芽

淀粉明矾调成汤

煮沸开水烫糊浆

凉水冷却挂杆晒

端瓢下粉各就位

加入淀粉反复揣

（12）绿豆芽凉拌菜。绿豆芽可以配各种蔬菜或肉丝做凉拌菜。清凉爽口，老少皆宜。

①三肉丝拌绿豆芽。卤鸡、兔（手撕成丝）和熟的猪肉丝，小磨油、精盐、白糖、味精适量。先将绿豆芽放热油锅里爆炒，炒熟后出锅置入调菜盆，依次放三种肉丝、小磨油、白糖、味精、精盐，拌匀即可。根据地方风俗和个人喜好，还可以放适量香醋或辣椒油、花椒油等。②素三丝拌绿豆芽。海带发好，蒸40分钟后冷却（亦可一次性蒸好晒干，用时再发）切成丝，加上五香豆腐干丝、熟的绿豆粉丝

素三丝拌绿豆芽

和绿豆芽，将四种主料拌匀后依次加入适量酱油、芝麻酱、米醋、白糖、味精等。也可根据个人爱好另加蒜泥、辣椒油、花椒油、花生碎等拌匀即可。营养丰富，美味可口。

绿豆不仅有许多主食吃法，还能制成很多糕点和饮品。

（13）绿豆糕。绿豆糕是老少皆宜的传统点心，营养价值高还可消暑。由于南、北方饮食习惯各异，北方的绿豆糕多以白糖或冰糖调味，少油，松软，没有夹馅；南方则以上等食用油拌面，多数有果酱馅。

绿豆糕

制作工艺：配料（绿豆去皮磨面，或是绿豆蒸熟后去皮再磨。适量白糖、小磨油、桂花、食用盐和色素等）→调粉（传统作坊讲究调粉顺序，每添加一种调料搅拌均匀以后再添加另一种调料，直至添加完毕）→过模成形（模子内壁刷一层小磨油，将拌好的绿豆粉装入形状各异的模子里，装七分满。如果夹馅，预先把馅团成小团子，砸第二次之前把馅放在模中心，装粉后再砸。出模时将模子扣在笼箅上，用木锤轻敲几下，绿豆糕自然脱落）→蒸（水开时上笼，一次可上多笼，蒸35分钟左右即可）→晾凉→包装。

其工艺要点在于调粉。调粉的加水量有两种，一是传统绿豆糕，严格按绿豆粉的10%加水，再附加白

各种糕点

糖与小磨油，才能保证三个月不变质。二是现代绿豆糕，水分在30%～40%，口感好。传统绿豆糕的妙处在于粉细、水分少、含糖；装模时挤压成形，表面坚硬光滑，不易变质。现代绿豆糕的防腐措施则更到位，主要用糖和少量食盐来抑菌。

现代式的绿豆糕基本上沿袭传统工艺，只有磨粉、调粉、蒸等环节分别引入粉碎机、搅拌机和高压蒸汽锅（柜）等器具。另据河南工业大学食品实验室专家介绍，现在热捧的无糖、低糖点心，只能小批量手工制作，现吃现做。若想工业化批量生产，将陷入杀菌与保质的两难境地，该瓶颈的突破还有待于新技术的研发。

（14）绿豆沙。绿豆沙清香爽口带甜味，无论是冰镇还是常温，都有充饥解渴消暑的效果。在解决饥渴的同时，兼有清热除湿等功效。

绿豆沙

（15）绿豆馅。以绿豆为主料加冬瓜蓉或糯米粉和其他辅料熬制而成。用绿豆沙、绿豆馅为主要原料制作的食品种类很多。中西式糕点中就出现了豆沙包、豆沙饼、豆沙糕、豆沙月饼、豆沙春卷、豆沙粽

绿豆汁

子、豆沙油酥炸糕、豆沙年糕、豆沙面包等琳琅满目的绿豆沙类食品。而绿豆馅，为了便于存放，通常会把它烘干成粉，做成真空包装或通过冷链物流将其作为原料输送到各类食品加工厂、甜品店等。

（16）绿豆饮品。绿豆饮品是指纯绿豆或以绿豆为主要原料制成的饮料。有绿豆汁、绿豆乳、绿豆

绿豆乳

绿豆茶

茶，等等。其中绿豆茶有解暑开胃的功效，是盛夏季节室外作业人群的极佳饮品。

（17）绿豆冰棍儿。绿豆、牛奶、白糖各适量。把绿豆洗净，浸泡膨胀，大火烧开，调成文火煮开花后，加白糖调味煮开，关火，捞出。将熟绿豆和牛奶倒入模具，然后放冰柜里冷冻成冰。吃的时候，拿出等待约5分钟，表面解冻，冰棍儿与模子即脱离。

全国各地流行的绿豆菜肴很多，有热有凉，有荤有素，有菜有羹；男女老少同好，四季皆宜。热菜中的绿豆粉皮焖牛肉、蟹黄焗绿豆粉丝、肉丝炒绿豆芽，都是请客、聚会上常见的美食。

冰棍儿

选豆，蒸熟

去皮，磨粉

加料搅拌

绿豆糕

蒸熟

过模成型

3. 药食同源历史悠久

我国药食同源历史悠久，早在东周时期，朝廷设立的医疗机构中就有专门负责君王食疗养生的"食医"一职。中国第一部医学专著《黄帝内经》对食疗论述道："大毒治病，十去其六；常毒治病，十去其七；小毒治病，

黄帝内经

十去其八；无毒治病，十去其九。谷肉果菜，食养尽之，无使过之，伤其正也。"大致意思是说："用毒性大的药治病，去掉病的十分之六，不必再服药，即便用无毒性的药治病，去掉病的十分之九，也不必再服药。然后，用谷物、肉类、果实、蔬菜四类食物调养，使病逐渐消失彻底。不要用药过度，否则会损伤病人的元气。"

唐代有食疗专著《食疗本草》，宋代有《养老奉亲书》，元代有《饮膳正要》，都阐述了食、养、疗相结合的理论与方法。明清两代，人们对食疗研究得越发精细。民谚亦有："病在七分治，三分养。"一说："三分治，七分养。"

抑制坏细胞

　　绿豆自古以来都被看作是食药并用的主要谷物。

4. 绿豆食疗功能显著

　　在黄河中下游地区，有句谚语广泛流传："夏天多喝绿豆汤，清热解毒不生疮。"历代医学家对绿豆的功效，都有自己的认识。被民间誉为药王的唐代医圣孙思邈认为绿豆能"治寒热、热中，止泻痢，利小便，除胀满"。被誉为世界食疗鼻祖的孟诜也认为绿豆能"补益元气，调和五脏，安神，通十二经脉，去浮风，润皮肤"。这些都印证了绿豆的药用价值。

　　自从孟诜明确提出食疗理论并把绿豆列入食疗的重要谷物以来，一千三百多年间，人们不断地深入研究绿豆的食疗功能。食疗食品或饮品必须同时具备四个必备条件：第一，安全，不含毒副作用；第二，营养，含有人体需要的成分，可以长时间食用；第三，保健，食用后在供给人们营养的同时，还利于人的健康与长寿；第四，有针对性地治疗某一种或多种疾病的作用，或对治疗某种疾病有辅助作用。绿豆在同时满足以上四个条件以外，它的适口性也比较好。

　　在中医的眼中，绿豆常用的食疗功效是解毒。第一，解药毒。绿豆可以解中药、西药、草毒，以及现代农药的毒副作用。无论是在医药界还是在民间，这

孙思邈

孟诜

已成为常识。但是如正在服用温补性中药或中成药，那么这个时候是不宜吃绿豆或以绿豆为主要原料的制品的。第二，解重金属之毒。老鼠药为磷化锌，如果有猫狗误食中药死鼠，及时以绿豆甘草汤给它洗胃清肠话就还有救。第三，解酒毒。中医认为，绿豆芽与绿豆花蕊，甚至绿豆冲开水闷泡都可以缓解酒毒。第四，解热毒。绿豆内服外用都可以解热毒。内服解烦渴，治头晕目眩；外用可以消肿止痛。

绿豆还有三个鲜为人知的医药功效。一是退目

绿衣天使驱毒

解百毒

翳。这是绿豆衣和绿豆荚皮的功能。目翳是中医的叫法，白内障、角膜云翳、角膜瘢翳、角膜白斑都属于目翳的范畴。二是治疗痈疽疮肿。三是治烫伤烧伤，用绿豆研成粉末敷创面。

必须强调的是，用绿豆这些功效治疗紧急疾病时，需要在医生指导下进行。非专业人士不可乱用，以免耽误了疾病的最佳救治期。

另外，绿豆衣枕芯（绿豆荚皮碾碎，也可以装到枕芯里）可助眠，还可降血压。再加些干菊花进去，就有清火、明目的功效了。绿豆叶还有治疗霍乱吐下

中国饭碗·丛书

绿衣天使·绿豆

光明使者

的功效。

现代医学运用技术与设备，对绿豆所含的某种生物成分进行提纯与开发，制成某种功能性的食品或药品。

（1）润肠功能。绿豆内富含食用纤维和功能性低聚糖，所以绿豆具有改善肠道菌群和润肠通便的功能。

（2）降血脂功能。绿豆富含豆固醇，豆固醇是胆固醇的天敌，它会在人的消化系统内跟胆固醇争抢酯化酶，致使胆固醇不能酯化，从而阻止肠道对胆固醇

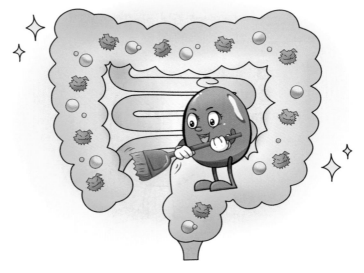

胃肠清道夫

的吸收。即便胆固醇躲在人的肝脏里，豆固醇也会阻止它进行生物合成。豆固醇还能够促进胆固醇异化，使它不能威胁人体血液。

（3）抗氧化功能。绿豆皮中富含的维生素E、胡萝卜素、黄酮类、多酚类等物质都具有较强的、以多种方式抗氧化的作用。

（4）抗肿瘤功能。绿豆中富含的食用纤维、功能性低聚糖、黄酮类与多酚类成分，可以通过多种途径发挥抗肿瘤作用。

「中国饭碗」丛书

绿衣天使·绿豆

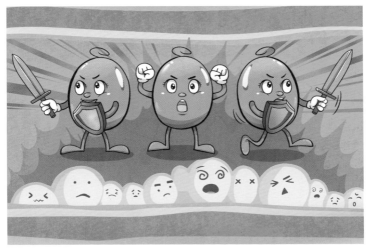

降血脂巧匠

阻击胆固醇

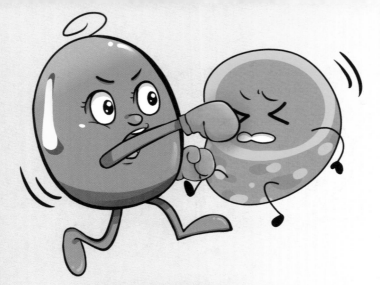

降胆固醇

降血脂

养颜美容

抗菌抑菌、增强免疫力

（5）抗菌功能。绿豆中含有的多酚类、黄酮类和生物碱类成分，既可以直接抗菌，也可以提高人的肌体免疫力，达到间接抗菌的目的。

绿豆的这些功能成分，还可以进一步地被开发和利用，这给食品科学和食疗科学提供了明确的科研方向和科研路径。

力敌千军

5. 食疗制品林林总总

以绿豆为原料的食疗制品不可胜数。

（1）清热解毒绿豆汤。用纯净水，加几滴柠檬汁，水沸下绿豆煮8～10分钟，以绿豆皮不烂、水呈绿色为宜。汤放凉即饮。这种汤既是解暑饮品，又可做消火、解毒的药品。许多医药学专家认为煮绿豆汤用砂锅效果最佳，用不锈钢锅亦可，不宜（一说禁忌）用传统铸铁锅，否则会降低食疗效果。

（2）消渴汤。这里的"渴"指不正常的渴，口干渴，喝了水，不一会儿嘴变干，还想喝水。煮消渴汤时要把绿豆煮烂，取上边清汤喝，早晚各一次，用量根据个人情况，解渴为止。

战热毒

（3）治小便不畅汤饮。绿豆、冬麻子、陈皮按5∶3∶1配比，水煎，温服，日服3次，每次20毫升。

（4）治疗腮腺炎汤饮。绿豆适量，煮至将熟，加3个白菜心，再煮20分钟，取汁饮用。这具有消肿止痛的功效。

医药界对饮用绿豆汤时有许多提醒：煮绿豆汤不宜加白糖，需调味才能接受者，可在煮熟后加少量冰糖；不宜用绿豆汤充当正餐和平时的茶水；要适量饮用，以没有不适为前提；宜在两餐之间常温饮用；肠

灭胃火

胃虚弱者不宜饮用冰镇绿豆汤，以免引起腹痛、腹泻，且不宜空腹饮用，等等。总之，绿豆汤是比较安全的饮料，老少皆宜。如遇肠胃虚弱，喝了出现腹痛、腹泻现象，停饮即可。

有专家认为，绿豆清热之力在皮，解毒之功在内（一说肉）。绿豆消暑汤大火煮沸10分钟，汤色碧绿、清澈，效果最好。绿豆解毒汤，将绿豆煮烂出沙为佳，食用这个汤对痱子、皮疹亦有疗效。

还有医生认为，绿豆煮成碧绿汤对口渴、心烦、尿赤（此处"赤"指小便时有灼热感）、舌苔红有疗效。掺适量大米熬粥，则有健脾胃之功。并且主张在熬绿豆大米粥时，要先将绿豆皮煮脱，捞出，再用绿豆肉和大米一起熬粥，停火后，粥温降至85摄氏度左右时放入绿茶搅匀即可。

（5）绿豆薄荷汤。煮绿豆汤备用；把干薄荷洗净，清水浸泡半小时，用大火煮沸，冷却过滤取汤。二汤冷却后混合均匀即可。二者搭配，清热、消暑、解毒、清咽，功效更佳。

（6）绿豆陈皮汤。绿豆、陈皮、冰糖各适量。清水浸泡绿豆4～5小时，入锅大火烧开后调成文火煮

清咽

至将熟，放入陈皮，再煮10分钟停火，放入冰糖调味后，即可食用。此汤清热解毒，兼有健脾助消化之功效。

（7）绿豆大枣汤。将绿豆、大枣洗净，按3∶1配置，清水适量，同时入锅，大火烧开后调成文火，煮至绿豆开花时关火，放适量冰糖调味即可。有清热解暑、健脾、补血、增进食欲的良好功效。

（8）绿豆海带汤。先用热水把绿豆泡膨胀；海带泡软，切成细丝。食材、适量冷水入砂锅，佐以姜片、陈皮，大火烧开后添加冷水两次激绿豆开花，

暖脾胃

助减肥或辅助治疗糖尿病

再加入红枣或蜜枣、冰糖、雪梨、枸杞，文火炖至入

味，停火前放适量食盐、香醋即可。在做法上还可以

随着四季变化，添加胡萝卜、莲藕、荸荠、山药、土豆等其他辅料，也可把冰糖换成红糖或蜂蜜。绿豆海带汤是东北的一道家常菜，在满足食欲的同时，兼有去肝火、暖脾胃、瘦身之功。

（9）绿豆二花（金银花）汤。绿豆、二花按10：3配置，清水适量，大火烧开后调成文火煮8～10分钟，以绿豆不开花为佳。取清汤适量服用，既有消暑解毒效果，又有缓解风热感冒、温病发热的功效。

专家提醒，以上四汤，不可天天饮用，成人一周喝2～3次，每次1碗为宜。尤其是肠胃消化功能弱者，短时间内难以消化绿豆蛋白，过量饮用，容易导致腹

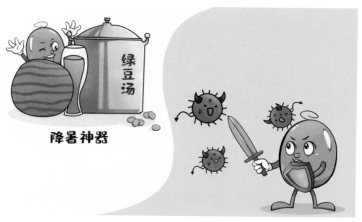

协除温病

泻。此外，幼儿应适当减量。

（10）乌梅二豆汤。去核乌梅2个，黑豆、绿豆各15克。三样一起研碎，煮开后改成文火熬8~9分钟。先以汤代茶饮，有清热解毒、生津止渴的功效。饮后可食其渣，营养丰富。

解烦渴

（11）绿豆海带粥。绿豆与海带2∶1配比。文火煮绿豆20分钟，加海带再煮20分钟即可。这是经典的消暑解毒粥，有降血压、降血脂、消肿、利尿、防小儿痱子等功效。小孩饮用时可将绿豆、海带比例调成10∶3，加适量冰糖调味。

消肿

（12）绿豆南瓜粥。绿豆、老南瓜等量配置。先大火煮绿豆10分钟，放去皮南瓜块，再煮20分钟即可。看似家常粥，却有清热消暑的功效。

（13）绿豆梅花粥。按1∶2∶3配蜡梅花、绿豆、粳米。稍许冷水煮蜡梅花1分钟滤汁备用，煮绿豆、粳米，将成粥时，入梅花汁，加冰糖适量，化开搅匀即可。有清热、养阴、解毒的功效。

（14）绿豆玫瑰杏仁粥。绿豆、海带、甜杏仁、干玫瑰花、红糖适量。做法：泡发绿豆、海带，沥干。把海带切成丝。绿豆、海带、杏仁放入砂锅，煮至绿豆烂、海带软时加入干玫瑰花，煮开即关火，用砂锅余热继续煮沸，降温后加红糖调味即成。既是美

滋阴解毒

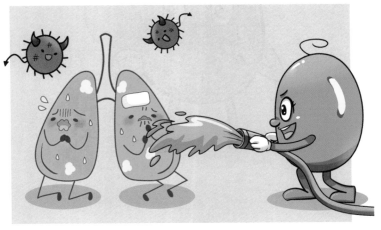

助清肺热

食，又具清热润肺的功效。

（15）三豆饮。黑豆、绿豆、红豆各150克，甘草60克，白糖适量。洗净三豆，入砂锅煮开后加甘草，文火煮成粥。这是我国古代名医扁鹊的著名处方"三豆饮"，在元代药典《世医得效方》中有记载。这种粥有活血、解毒、祛痘等功效。扁鹊曾用该方治愈很多痘疹、痘疮患者。

消痘疹

（16）绿豆薏米粥。绿豆、薏米、大米各等量，也可根据个人爱好增减。把绿豆、薏米洗净，清水浸泡两小时，大米浸泡半小时。煮绿豆和薏米，大火烧开后，改成小火。煮到绿豆开花时，放入大米熬成粥。可根据个人爱好，放适量冰糖调味，亦可自然凉后放冰箱做冷饮。具有清热、解毒、除体内湿气的功效。

除内湿

（17）绿豆莲根汤。绿豆15克、莲根（一说藕节）50～60克切成小块、纯净水800毫升，文火煮至200毫升汤汁时停火，加红糖适量，服用。对肺结核、

退高烧

高烧、鼻出血及咳血有疗效。

随着人类科技的发展和生活水平的提高，人们充分地利用绿豆所含的蛋白质、B族维生素以及钙、磷、铁等矿物质和其他活性物质成分，制成具有美白皮肤、淡化斑点、清洁肌肤、去除角质、抑制青春痘等功能性的产品，以达到美容养颜和健身的效果。

（18）美白养颜奶茶。牛奶250毫升、绿豆粉10～20克、薏米仁粉10～20克、珍珠粉0.5克、蜂蜜适量。鲜牛奶加热到75摄氏度维持15分钟，加入薏米仁粉和珍珠粉调匀，待降温至45摄氏度时兑入蜂蜜再调匀，即可饮用。还有类似的清痘润肤奶茶，在美白养颜奶茶的基础上加莲子粉10～20克即可。

养颜茶

（19）美体健身奶茶。酸奶1瓶，全生绿豆粉、胡萝卜粉各10～20克，蜂蜜适量，一起放入酸奶中调匀即可。类似的还有美体瘦身奶茶：在"美体健身奶茶"原料和做法的基础上，把胡萝卜粉换成5克绿茶粉即可。

（20）纯绿豆粉面膜。生绿豆粉适量，用蒸馏水调成糊状，热水洗面使毛孔张开，擦干后即可敷面膜。20

健美茶

分钟后用温水洗净。每周可做2～3次。类似的还有控油保湿面膜，绿豆粉3茶匙、白芷粉2茶匙、1汤匙乳酪或蜂蜜适量，把绿豆、白芷二粉混合均匀，再用乳酪或蜂蜜和成糊状即成。用法和次数同纯绿豆粉面膜。

（21）丝瓜绿豆面膜。绿豆粉、薏米仁粉、绿茶粉三者比例为3∶2∶1，混合均匀，用10～15毫升丝瓜水调和成泥状。热水洗面后，用绿豆面膜敷盖面部，露出眼、嘴、鼻。30分钟后，用温水洗净。

美容面膜

（22）绿豆洗面奶。随着科技的发展，通过现代化技术，可以规模化分离出绿豆蛋白。这不仅能做出营养价值高、味道鲜美的饮品，还可以制作其他生活用品，现已有工厂生产的绿豆洗面奶问世。

四、绿豆的发展前景

1. 高质量发展看绿豆

我国经济建设已进入高质量发展阶段,人们在饮食上解决自然生理需求的同时,还要追求文化与精神的享受。绿豆的生产、加工,迎来了在继承中创新、发展的大好机遇。

（1）优中选优好品种

从种植的角度,高产优质的良种与科学种植、管理是发展趋势。在育种和种植技术方面,我国的农学专家,以优质、高产、抗多种病虫害、专用为目标,已经培育出能够满足全国不同区域、不同水土和气候条件的优良品种，并总结出一套科学的田间管理技术。而且科学家遵循种子退化规律，一直在努力培育新品种，以满足更新品种、扩大种植面积的需求，确保我国14亿人民牢牢地把饭碗端在自己的手里。

（2）传统产品创特色

传统绿豆产品将迎来精细化和艺术化的发展。以科学化、标准化为指导，不断提高产品的质量和文化艺术含量。例如绿豆粉皮，一般用传统工艺生产出的每张粉皮重40~55克不等，薄厚没标准，即便是同一张也有薄厚不一的地方，往往是边缘厚，中间薄。

享誉中原地区的虞城木兰绿豆粉皮，每张重量25克，直径30厘米，被称作是："晶莹剔透，形如满月，筋道爽滑。"而同样是直径30厘米的汝州绿豆粉皮，每斤干淀粉可做60张。有人形容汝州绿豆粉皮"薄如蝉翼，看上去美观，吃起来筋道爽口"。只需凉开水或纯净水浸泡3分钟，即可凉拌食用。

一般粉皮

绿豆粉丝之所以叫"丝"，是因为它细如丝，直径要在0.5毫米左右。而目前市场上流行的传统工艺的绿豆粉丝，直径却是1毫

精粉丝

米，甚至更粗。所以，把传统绿豆产品标准化、精细化和艺术化，才更是其生命力所在，才更有机会走向世界，赢得更多消费者的青睐。

2. 中国绿豆前程似锦

近年来，随着肥胖、肿瘤和心脑血管等疾病发病率的增长，低脂肪、无胆固醇植物蛋白等产品被广泛需求，于是绿豆膳食纤维、绿豆蛋白等深加工产品应运而生。

绿豆所含的膳食纤维，具有很高的开发利用价值。现代医学研究证明，膳食纤维是人体必需的"第七营养素"。适量食用膳食纤维可保持消化系统的健康，还能在一定程度上预防心血管疾病、癌症、糖尿

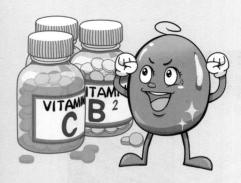

绿豆保健品

科学育种

功能成分提取

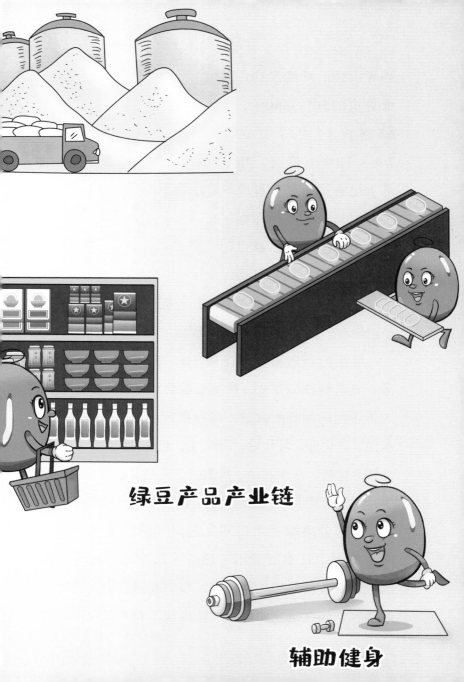

绿豆产品产业链

辅助健身

病等疾病。纤维素约占绿豆皮的50%～60%，绿豆皮约占绿豆的7%～10%。目前，市场上已有绿豆膳食纤维产品出售，主要用作面包、面条、果酱、糕点等食品的添加剂，以提

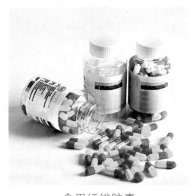

食用纤维胶囊

高食品的保健功能，作为高血压、肥胖病患者的辅助食品。也有厂家用它来制作降糖胶囊、润肠胶囊等。

绿豆的蛋白质含量在19.5%～33.1%，而且功效高、氨基酸种类齐全，赖氨酸的含量尤其丰富，接近鸡蛋蛋白的赖氨酸含量。绿豆蛋白还具有溶解性、保水性、乳化性、乳化稳、凝胶性、起泡性、起泡稳、吸油性等优势，在面制品、肉制品、乳制品和饮料等生产中，应用前景十分广阔。目前，已有专业厂家生产。

我国分离绿豆蛋白的工艺以"碱溶酸沉法"为主；美国、日本则采用"超滤膜法"和"离子交换法"提取蛋白。2010年以来，包括我国在内的世界先进国家，都在研究如何用"超声波"和"微波"等方

式提取蛋白。

　　绿豆营养丰富，它所包含的物质对人的身体有很多、很大的帮助。一是可以用绿豆的营养成分制作保健品。绿豆所含的磷脂酰胆碱、磷脂酰乙醇胺、磷脂酰肌醇、磷脂酰甘油、磷脂酰丝氨酸和磷脂酸，可增进人的食欲。绿豆还含有大量的低聚糖–戊聚糖、半乳聚糖等，这些不易被人的胃肠消化吸收，所以经常适量食用绿豆有利于瘦身。同时，还可辅助治疗糖尿

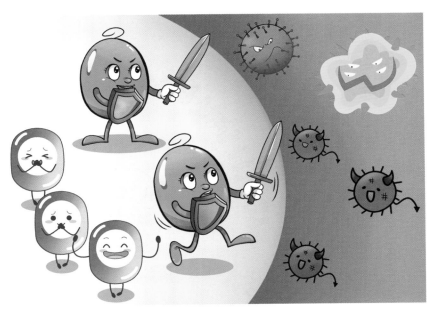

保护健康细胞

病。低聚糖是人和动物肠道内有益菌——双歧杆菌的增殖因子，经常食用绿豆可维持肠道良好生态，有效预防肠道疾病。二是用绿豆中的功能成分制作保健品。从生命科学与现代医学的角度，通过现代科学技术，可以从绿豆中提取十多种具有保健和医疗作用的成分。不仅能抗氧化、抗肿瘤、抗菌抑菌、降血脂、解毒、降血糖、抗过敏、抗衰老、保护肾脏，对癌症手术后进行放射化疗的病人，也具有很好的保护作用，还能治疗烧伤烫伤、抗疲劳，等等。这些功能，

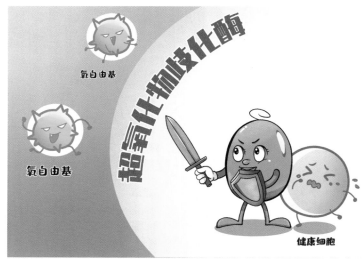

超养化物歧化酶

有的已经在科学理论指导下，进行过治疗或辅助治疗疾病的实验。

比如，从绿豆中提取出一种能够提高人体清除氧自由基能力的超氧化物歧化酶，它能够阻止氧自由基对人体细胞的伤害。

再比如，在抗肿瘤的实验中，通过试验组与对照组的对比，得出绿豆对"吗啡+亚硝酸钠"诱发小鼠肺癌与肝癌有一定预防作用的结论。

中国人民生活实现全面小康以后，又以昂扬的姿

抗肿瘤将军

态迈向中华民族伟大复兴的第二个百年奋斗目标的新征程。人们越来越注重饮食的安全和健康，在吃饱吃好的同时，还追求美味、健康与文化。这些社会需求，恰好给绿豆创造了发挥更大作用的平台和无限发展的空间。

后记

　　应南京出版社和师高民教授约写《绿豆》一书之初，在下心怀有三。生于豫东杞县农村，弱冠辍学，回乡做生产队农业技术员，两年后晋升大队农业科研站技术员。种绿豆，间苗，锄草，打垄，摘绿豆，磨面，打粉等，绿豆生产与加工的事情做过无数遍。间或替乡医叔祖研制绿豆末为患者敷伤，聆听绿豆的药用功能。大学毕业后断断续续在豫北和豫西南做了十六年村干部，可谓谙熟绿豆在不同纬度、不同地形的生长情况和加工工艺。工作凡三十七年一直躬耕"三农"与农耕文化，有相关拙作三部问世。有恃无恐欣欣然，心逸月余未动笔。

　　然而，当我认真研读出版策划书，按其要求列出该书目录时，突然意识到任务艰巨。一本书，理所当然要呈现较为完整而准确的知识体系；字数越少，越无处藏假；

尤其是写给青少年的科普读物，万万不敢误人子弟；丛书选题和规模宏大，不敢忝列其中有辱他作。况且，我国已经进入全面小康社会，经济建设进入高质量发展时期，绿豆的生产与加工，必须以满足人民群众幸福生活需求和文化享受为出发点，必须以现代科技为引领，以高效率与高效益为目标，以节能降耗环保为底线开展生产与加工。思之，顿感压力山大，乃像景阳冈武松遇虎酒醒一般，操棒、奋起、迎战。

写作中，参阅国内专家学者十几年间的文章九十余篇，参考有关绿豆生产、加工和食疗、植物起源、古籍、方志、民俗志、农耕文化等方面的著作十余部。因限于科普读物的特殊要求，对所有借鉴成果的作者，未能以参考文献形式颂其功，敬请方家理解，我自心存无限感激！

本书凝聚着大家的智慧。河南牧业经济学院营养学副教授崔文颖、河南工业大学粮油食品学院食品实验室副教授何雅蔷、原奥瑞金种业有限公司技术总监崔清涛，分别以各自专业特长审阅书稿。河南工业大学设计艺术学院副院长訾鹏及其在读硕士研究生张婷婷和丁一颖为全书的插图做了大量的基础性工作；惠明教授介绍有关生物技术前沿成果、李魁教授就粮食加工技术解难答疑。河南省农业科学院专家李君霞讲述我国绿豆种质与产能现状，并提供"豫绿4号""豫绿5号"种子照片。通许县练城乡张道营村种地能手张传军悉数讲述他半个世纪种植、储藏绿豆和磨绿豆面的宝贵经验，又进一步向长者仔细核对了书中采用的数据。此外，河南农业科学院粮食所退休所长王传礼、焦作大学教授娄扎根、河南省国土厅退休干部刘青媛、同事王宏雁老师和研究生管诗棋、张道晟、王幸美，本科生冯柏茗、闫佳康同学，为本书的撰写提供了帮助。一并表示最诚挚的感谢！

由于笔者水平有限，书中难免谬误，敬请读者批评指正。

二〇二二年一月二十七日夜于学府嘉园寓所